我作息健康，天天精神好！

麥曉帆 著
藍曉 圖

新雅文化事業有限公司
www.sunya.com.hk

小維維是個聰明伶俐的小女孩，不過卻有些壞習慣改不掉。

她總是遲遲不願意上牀睡覺，而且不太注重衞生……讓媽媽感到很苦惱。

這天，有一位守護孩子的小精靈，決定要幫小維維把這些壞習慣好好改過來。

「小維維，你好！我是守護孩子的小精靈！」小精靈飛到小維維面前，說：「我知道你很喜歡小動物，就讓我來實現你的願望吧！」

　　說着，小精靈一揮神仙棒，一座微型動物小屋「噗」的一聲，出現在小維維的書桌上。小維維掀開屋頂，發現裏面有一隻可愛的小小貓，正在向她揮手。

洗

小精靈把一張時間表交給小維維，說：「你必須按照作息時間表好好照顧小小貓，安排好牠的起居飲食，不然的話，我就會把這個願望收回的。」

「謝謝你，小精靈！我明白了，我一定可以做得到的！」小維維很有信心地回答。

第二天一早，小維維按照小精靈的時間表，一早起來。她掀開微型小屋的屋頂，對仍然在睡懶覺的小小貓說：「快起來，太陽都要曬屁股啦！」

小小貓不太情願地回答：「為什麼要這麼早起牀啊？你以前不是也喜歡賴牀嗎？」

小維維想了想，說：「對啊，我平時玩耍到很晚才睡覺，第二天總是不願意起牀，讓我常常打瞌睡、發脾氣……」

健康常識知多點

為什麼我們要早睡早起？

人體就像一間忙碌的工廠，我們每天要應付不同的活動。經過一天的學習或工作，到了晚上身體就會疲倦，提醒我們需要睡覺休息，讓身體得到充分的休息、修復細胞，鞏固學習記憶。

這時小精靈出現，對小維維說：「當身體得不到足夠休息，我們就會不願意起牀。而且，很晚起牀的話，時間就會不夠用了！」

小維維說：「我明白了！只要我們按照時間表來進行活動，就可以好好利用時間做自己喜歡的事情。」

小小貓高興地喊道：「原來賴牀有這麼多壞處，我們兩個以後也要早睡早起啦！」

健康常識知多點

我們一天要睡多久？

睡眠對我們非常重要，不同年齡的人睡眠時間都不一樣。3至6歲的孩子一天大概要睡10至13個小時；6至13歲的兒童則需要睡9至11個小時。只有早睡早起，睡眠充足，才會精力充沛。睡眠時間不足，不但會影響身體生長，還會影響我們的學習能力。

很快到準備吃早餐的時候，媽媽煮給小維維的是煎蛋和火腿通粉，而小小貓吃的則是小小魚兒和牛奶。

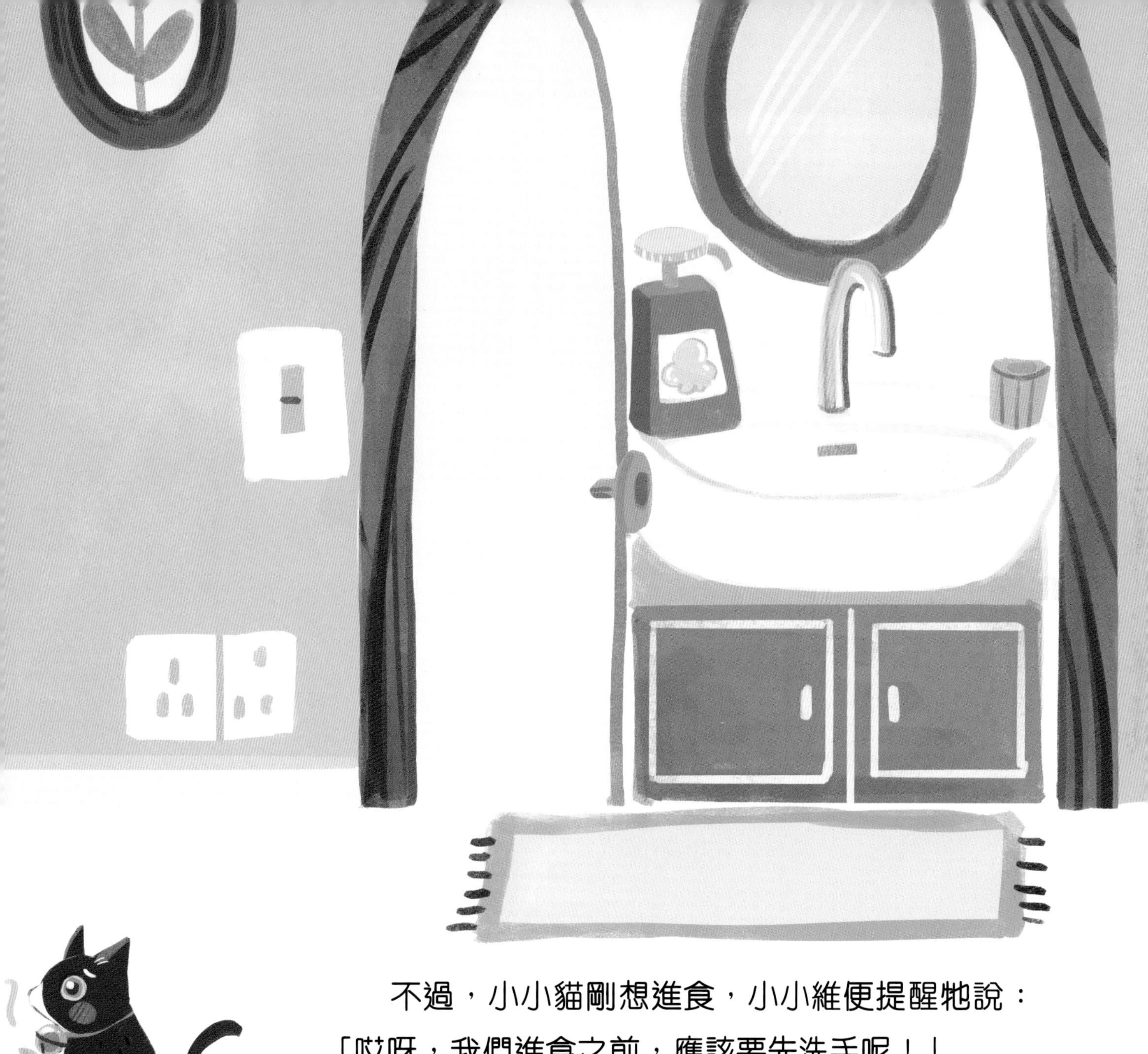

不過，小小貓剛想進食，小小維便提醒牠說：「哎呀，我們進食之前，應該要先洗手呢！」

小小貓說：「但是，你以前吃飯前，都從不洗手啊？」

這時，小精靈又出現，對小維維說：「你還記得嗎？你之前吃東西前從不洗手，結果常常鬧肚子。不洗手的話，吃飯時就會把手上的細菌、病毒，一起吃進肚子裏。那樣的話，不生病才怪呢！」

小維維和小小貓聽了，都點點頭：「那麼，我們以後進食前，都一定要洗手呢！」

健康常識知多點

為什麼我們要勤洗手？

我們的雙手常常會觸摸不同的物品，手上會沾上物品上的塵埃、細菌或病毒（例如：在公共地方按電梯、握扶手等等）。因此，我們要避免用不潔的手揉眼睛和觸摸口鼻，也不要跟別人共用毛巾或口罩。在進食前，先用梘液徹底清洗雙手，可幫助預防疾病。

不如我們繼續玩吧！

　　這天是星期天，吃過早餐後，小小貓和小維維一起玩飛行棋，玩得很高興。

　　兩個小時後，媽媽把頭探進房間，對小維維和小小貓說：「你們不應該花太多時間在玩耍上，是時候做功課和溫習知識啦。」

　　媽媽離開後，小小貓對小維維說：「可是，你之前也只愛玩耍，不喜歡做功課啊！不如，我們繼續玩吧！」

　　小維維想了想，說：「這個我以前的確很貪玩，把空餘時間大部分都花在玩耍之上，把功課推遲到最後一刻才做，結果總是不夠時間做其他重要事情。我想，我們不要再犯這種錯誤了。」

　　小小貓高舉着爪子，說：「那麼，我們一起去做功課吧！」

 7:00AM  起牀 ☐	7:30AM  吃早餐 ☐	8:00AM  上學 ☐
3:00PM  午睡 ☐	3:30PM  做功課 ☐	4:30PM  遊戲 ☐
6:30PM 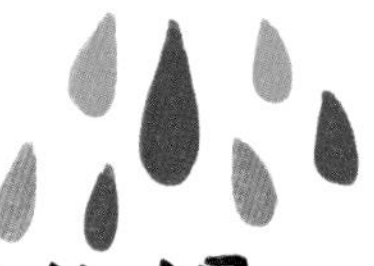 洗澡 ☐	7:30PM  吃晚飯 ☐	9:30PM  睡覺 ☐

健康常識知多點

為什麼我們要學習運用時間？

時間是有限的，可是我們想做的事情卻有很多（例如跟朋友見面、玩耍、做運動等等）。只有好好規劃作息時間表，我們才能有效地運用時間。每天除了學習之外，我們也可以善用時間培養自己的興趣，讓生活過得更充實。

在完成了功課和温習後，小精靈把小維維變得很細小很細小，讓她可以到小小貓的小屋中作客。

不過，當小維維進入小小貓的房間時，看見房間一片凌亂，玩具到處隨便堆放，連牀舖也不收拾。

小維維說：「你應該把房間好好整理一下呢！」

小小貓卻問：「你的房間不也是這麼凌亂嗎？」

健康常識知多點

怎樣才能把物品收拾整齊呢？

我們首先要把不同的東西分類，例如布偶、玩具積木和文具。我們可以把同類的物品放在同一個地方。只要每次把用完的物品放回原位，就能把東西收拾整齊。另外，我們還可以將不需要的書本和玩具捐贈給有需要的人，避免家中囤積不必要的物品。

小維維聽了，臉紅了，感到不好意思起來。

這時，小精靈說：「那可不好！玩具胡亂放置的話，很容易會不小心弄壞的。我們應該把物品分類，例如把同類的布偶、玩具或者文具放在同一個地方，那麼當我們需要某件東西時，就很容易可以找到啦！」

小維維和小小貓微笑着說：「那好，就讓我們把大房間、小房間都一起收拾乾淨吧！」

玩偶

衣服

　　就是這樣，過了幾天，小維維一直按照小精靈給她的提示，把小小貓的起居飲食照顧得妥妥當當。

　　小小貓不但健健康康，牠的微型小屋也是很整齊、清潔和有條理。

同時，小維維改掉了以前生活作息上的壞習慣，讓爸爸媽媽都對她的改變讚不絕口呢！

這個晚上，小精靈又來探訪小維維。

「讓我看看你把小小貓照顧得怎麼樣子……」小精靈托着下巴，說：「嗯，你做得非常好，那麼，小小貓以後都會是你的好朋友啦！」

小維維和小小貓聽了，都高興得互相擁抱起來。

從此之後，小維維和小小貓都每天早睡早起，注意衞生，並好好安排自己做運動、學習和玩耍的時間，而且也把自己的房間整理得井井有條，兩個都生活得很健康和快樂。

小朋友，你是一個健康的好孩子嗎？請試試在下面空白的位置跟爸媽一起規劃你的生活作息時間吧！

小提示：

1. 訂立個人短期和長期目標
2. 每天列出一張「待辦的事」清單，確認每天要完成的事情
3. 訂立事情的緩急次序和完成的期限
4. 定期檢視時間表，善用隱藏的時間

時間	項目

怎樣培養孩子養成良好的作息習慣？

在幼兒的成長階段，睡眠對幼兒的身心發展及健康成長非常重要。若長期睡眠不足，不但會影響孩子的生長發育，還會變得容易生病，長遠更會對他們的學習有很大的影響。要培養良好的作息習慣，各位爸媽可參考下列建議。

日間進行適當的運動

每天進行適量的運動可以強健體魄，讓孩子得以提升心肺功能和刺激身體成長；適當地消耗身體能量，晚上就會容易入睡。3至6歲幼兒，每天應進行至少180分鐘不同類型和強度的體能活動，當中包括至少60分鐘中等至劇烈強度的體能活動，例如拋皮球、跑步、跳繩、跳舞、踏單車、玩滑梯等等。

睡前活動與準備

家長應安排孩子晚上進行靜態的活動，建議睡前一個小時不要讓孩子看電視、玩手機或進行太刺激的遊戲，以免孩子睡前玩得過度興奮，難以入睡。透過不同的睡前儀式向孩子預告是時候要準備上牀睡覺，增強孩子的時間感。那就是在特定的時間，按次序進行固定的活動，例如在睡前約半個小時前開始收拾玩具、刷牙、上廁所、換睡衣、訓練孩子自己收拾書包等，建立生活規律。另外，家長也可以跟孩子閱讀睡前故事，或是跟孩子進行一些簡單、溫和的伸展動作，幫助孩子平靜下來，放鬆身體，孩子自然就容易睡得更安穩。

營造安全、舒適的睡眠環境

睡房宜選用柔和的燈光和顏色，選用透光度較低的窗簾，盡量保持環境昏暗，營造舒適的環境。在睡前可以把孩子最喜歡的毛毯或玩偶放到牀上作伴。如果孩子怕黑，家長可以陪孩子入睡後才關燈離開，或是設置一盞小夜燈，讓孩子安心入睡。

兒童健康生活繪本系列

我作息健康，天天精神好！

作者：麥曉帆
繪者：藍曉
責任編輯：胡頌茵
美術設計：張思婷
出版：新雅文化事業有限公司
香港英皇道 499 號北角工業大廈 18 樓
電話：(852) 2138 7998
傳真：(852) 2597 4003
網址：http://www.sunya.com.hk
電郵：marketing@sunya.com.hk
發行：香港聯合書刊物流有限公司
香港荃灣德士古道 220-248 號荃灣工業中心 16 樓
電話：(852) 2150 2100
傳真：(852) 2407 3062
電郵：info@suplogistics.com.hk
印刷：Elite Company
香港黃竹坑業發街 2 號志聯興工業大樓 15 樓 A 室
版次：二〇二一年七月初版

ISBN: 978-962-08-7800-8

18/F, North Point Industrial Building, 499 King's Road, Hong Kong
Published and Printed in Hong Kong